神崎惠的

3分钟贴心

眼妆术

（日）神崎惠　著

邱晓蓉　译

U0351503

辽宁科学技术出版社

· 沈阳 ·

成熟女性的眼妆需要的
不是艳丽，
而是浓密度、长度和立体感

　　我作为两个孩子的母亲，又是上班族，每天都要和时间赛跑。在化妆上，用最少的步骤达到最佳效果，是我从开始做美容工作时就一直坚守的理念，这本书里所提出的眼妆画法，最大的特点是基本不使用色彩。为了使眼皮松弛、神情黯淡的成熟女性的眼睛看起来更鲜活，我认为最重要的是突出眼睛边缘和睫毛，灵活运用眼线和睫毛膏，眼影只不过是配角。因为下决心不运用色彩，所以化妆时间也能缩短。每天都很忙碌的女性，请一定要试一试这几款眼妆的画法。

为得到别人的表扬而化妆，

那就错了。

打扮漂亮是为了自己

　　我认识的很多女性朋友，她们在单身时，特别喜欢打扮和化妆，但是结婚之后，就不这么做了。好像是因为"既没有时间，也不用给别人看了"的缘故，就放弃了追逐美丽。但是我认为，打扮漂亮不是为了别人，而是为了让自己有一个好心情。虽然每天因为家务和照顾孩子而忙得团团转，自己的事情也一推再推，但是，真的连每天挤出三五分钟给自己，花点工夫变漂亮的时间都没有吗？我曾经有好几次感到心情郁闷，找不到发泄的出口。于是，索性坐下来化妆或者去做皮肤护理，结果却收到了意想不到的效果——心情随着自己变漂亮也变得积极起来。让自己的形象光鲜亮丽，不仅能改变周围人对自己的态度，更重要的是让自己充满活力。

CONTENTS
目　录

Part 3

眼妆技巧问与答

Part 4

恼人的化妆问题全解答

Part 1

"让眼睛看起来水汪汪的"

眼妆的
基本步骤

化眼妆有很多步骤，但是神崎小姐想让大家最先掌握的是"画眼线→夹睫毛→涂睫毛膏"3个步骤。只要记住这些，就能掌握眼妆画法的八成。对此神崎小姐提出了一种既不显得过分刻意又不显得偷懒的方案。

9

双眼皮眼妆
的基本要点

双眼皮，如果画得重些就会显得花哨，但如果不化妆，眼神又会显得呆呆的……哪里应该多下工夫，哪里不需要下工夫，掌握两者间的平衡是很重要的。

双眼皮：

☐ 上眼皮有一条线

　　闭眼时，上眼皮会微微显出一条线。如果睁开眼睛，会很清楚看到那条线从眼头延伸到眼尾。

☐ 从正面可以看到睫毛根

　　因为眼皮没有遮住睫毛，所以睁开眼睛的时候，可以看到睫毛的根部。

双眼皮化妆的要点

想象着杏仁的形状，
尽量贴近自己的眼睛形状

根据眼睛的弧度，来调整化妆步骤

　　神崎小姐认为双眼皮化眼妆时，追求的理想形状是杏仁形。杏仁的中间部分是流畅的弧线形。脑中想着杏仁的流畅线条，把眼睛轮廓比较模糊的地方用眼线补足，然后用睫毛夹或者睫毛膏等来突出睫毛的存在感，从而突出眼部轮廓。相反，如果眼睛是圆的，想以杏仁状来突出眼睛的话，可以按照"画眼线→夹睫毛→涂睫毛膏"的一般化妆步骤来化妆，但是这样看起来会有些幼稚。要想使妆容看起来比较成熟的话，可以简化眼妆的步骤，比如，大胆地省略夹睫毛的步骤或者不画下眼线。

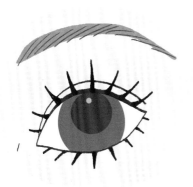

不足的地方用眼线、睫毛膏来补足

以杏仁的形状为原型，把超出的部分忽略掉

根据年龄，把模糊的部分补足

眼 线

使模糊的眼睛轮廓变鲜明，
提升其存在感

化眼妆的第一步就是画眼线，目的是使眼睛的轮廓变得鲜明。眼线的位置位于睫毛根部。这里用的是基本的眼线笔。

化妆前：

眼睛比较狭窄，轮廓不清楚

神崎小姐的眼睛与理想的杏仁形状相比，稍微有点狭窄，而且轮廓比较模糊，给人的印象不深。

化妆后：

眼睛轮廓比较鲜明，眼睛魅力提升

在上下睫毛根部画眼线，这样不仅使眼睛轮廓变得鲜明，而且眼睛变得有宽度，黑眼珠也显得更大了。

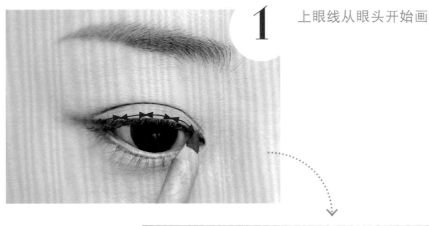

1

上眼线从眼头开始画

把睫毛缝隙也一点一点填满

　　用眼线笔尖把睫毛根部的缝隙填满。首先把眼线笔抵在睫毛的根部,然后来回移动画眼线。眼线要从眼角涂到眼尾,千万不要遗漏。

2

用棉签把眼线擦一下,让睫毛根部看起来更浓密

　　只画眼线会显得很突兀,要用棉签把眼线稍微擦一下。只要稍微把下巴抬起一点,就能很容易看到睫毛根部。也有些人能看到睫毛内侧的黏膜,如果用眼线笔画内眼线的话,就更能突出眼睛的轮廓。

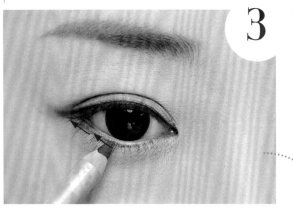

3 下眼线从黑眼珠靠近眼尾的一侧的位置开始画

下眼线要画到眼尾，而且与上眼线相连

　　和画上眼线一样，也要把睫毛根部的缝隙填满。要从黑眼珠靠近眼尾的一侧的位置开始，一点一点向眼尾画。

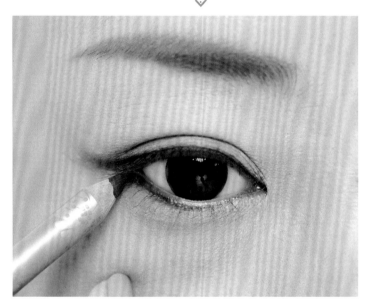

这里是重点！

画好眼线的重点

要想很容易地看到睫毛根部，镜子的位置是关键

　　要想画好眼线，必要条件是要很容易看到睫毛根部。镜子要稍微拿得低一点，尽量和画眼线的手接近。画眼线的那只手的小手指要按住脸部，起到固定作用。

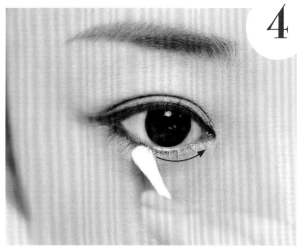

4 下眼线开始的位置到眼角处，用棉签擦一下

眼头处如果画下眼线的话，会显得很强势，所以用棉签稍微擦一下眼线，然后画到眼角，使眼头处稍微有点颜色就足够了。记住，从眼线开始的位置开始向眼角用棉签稍微擦一下即可。

轻轻地用棉签来描一下眼线使其融合

5

还是从下眼线开始的位置处开始，这次向眼尾方向，轻轻地用棉签擦一下眼线。这样，会使眼线和皮肤融合，给人一种自然的感觉。

画眼线的秘诀

画眼线不是单纯地画一条线就行了，而是要填满睫毛的缝隙

虽然说是眼线，但是也不是简单地画一条线就行了。好好照镜子看一下的话，就会发现睫毛的根部有很多的缝隙，把这些缝隙填满，才叫"画眼线"。

这里是重点！

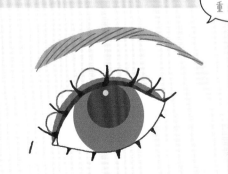

夹睫毛

Viewler

把睫毛向上塑型，
使眼睛从任何角度看起来都很大

1

这里是重点！

2

夹睫毛的秘诀是睫毛不动，轻摆头部

　　首先用睫毛夹夹住睫毛的根部，稍微抬起下巴，这样睫毛就会不和眼皮贴在一起，夹起来很轻松。然后夹睫毛的中部，此时把脸放正即可。最后夹睫毛尖时要稍微低一下下巴。

睫毛，可以说是插在眼睛周围的小箭头。要想使其突出的话，必要的步骤就是要把直直向下的睫毛变得向上卷曲。

3

夹睫毛后：

变成有平滑曲线的卷曲睫毛

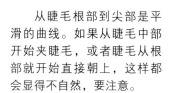

从睫毛根部到尖部是平滑的曲线。如果从睫毛中部开始夹睫毛，或者睫毛从根部就开始直接朝上，这样都会显得不自然，要注意。

涂睫毛膏

Mascara

睫毛膏能增加睫毛的长度和浓密感，
加强眼睛水灵灵的效果

准备 ..... 在涂睫毛膏之前，有点小技巧

在拔出睫毛刷的时候，要贴着瓶子的内壁旋转拧出，这样会使睫毛刷上沾满睫毛膏。

拔出睫毛刷之后，把多余的睫毛膏轻轻在瓶口蹭掉，以防睫毛涂得过量。

把眼睛分成3个区域，涂睫毛膏

顺着睫毛生长的方向，把眼睛分为眼头部位、中间部位和眼尾3个区域。在涂睫毛膏的时候，睫毛刷要从睫毛根部沿着箭头的方向涂抹。

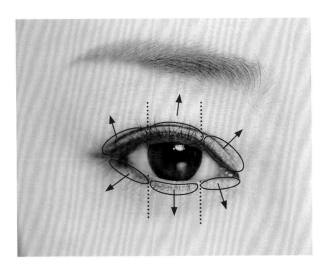

睫毛膏可以加强睫毛的长度和浓密感，从而增强睫毛的存在感。如果上、下睫毛都涂上了睫毛膏，眼睛就会看起来很大，而且水汪汪的。

1 首先涂睫毛根部，记住要涂得足量且均匀

首先要从上睫毛的中间区域开始，把睫毛刷抵在上睫毛根部，然后左右移动睫毛刷，这样睫毛膏就会被均匀地涂在睫毛上。然后，滑向睫毛尖部，这样重复做3次。如果睫毛膏涂得好的话，不仅睫毛会变得浓密卷曲，眼睛的轮廓也会变得突出。

反复涂三次

睫毛上部也要涂睫毛膏

睫毛的上侧也要涂睫毛膏。同样，根部也是重点。为了不破坏睫毛的卷曲效果，从上侧涂睫毛膏的次数要比从下侧涂少。

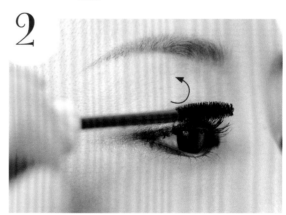

2

3

在眼头和眼尾涂睫毛膏时，要把睫毛刷竖起来

在眼头和眼尾涂睫毛膏的时候，如果把睫毛刷横过来，会不容易涂。所以在涂这两个部位的睫毛时，要用睫毛刷的尖部。抵在睫毛的根部，顺着睫毛的生长方向，把睫毛刷往睫毛尖部轻轻滑动。

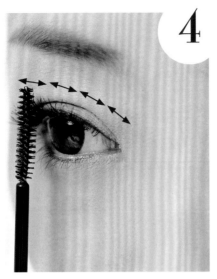

4 把粘在一起的睫毛分开，使得睫毛呈放射状

将睫毛刷竖起来再涂一次睫毛膏，这样既能把粘在一起的睫毛分开，也能把睫毛调整为放射状。

从睫毛根部到睫毛尖，用睫毛梳梳一下

如果睫毛膏结块，或者睫毛粘在一起的话，会给人一种不自然的感觉。为了防止这种情况的发生，可以用睫毛梳在上、下两侧梳理睫毛。

5

6 下睫毛也要涂睫毛膏

把睫毛刷抵在下睫毛的根部，压着睫毛，使睫毛向下。然后轻轻左右移动睫毛刷，使睫毛膏均匀地涂到睫毛上，最后把睫毛刷滑到睫毛尖部。

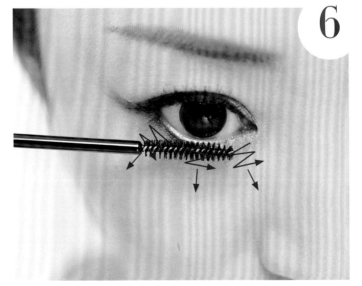

7

不要忘记在眼头和眼尾部位涂睫毛膏

在眼头和眼尾部位涂睫毛膏的时候要把睫毛刷竖起来用。眼头部位睫毛刷的方向应为从睫毛根部向鼻子，眼尾部位睫毛刷的方向则是从睫毛根部向侧脸方向。

要把粘在一起的睫毛一根一根地分开

用睫毛刷的尖部，把粘在一起的睫毛一根一根地分开，这样眼头到眼尾的睫毛会变呈放射状。

8

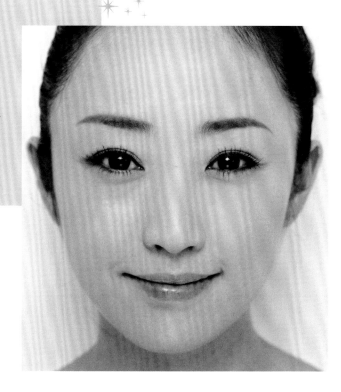

Finish

完成！

睫毛一根一根地翘起来了。上睫毛用睫毛刷向上刷，使之上翘；下睫毛用染色睫毛膏处理。两者相辅相成，就会使眼睛看起来变大不少。

双眼皮重叠在一起
眼睛看起来呆呆的

内双眼皮眼妆
的基本要点

因为上眼皮有重叠的部分，所以和双眼皮相比，内双眼皮的魅力会稍微弱一些。神崎小姐想出了一个使内双眼皮看起来不明显的技巧。

内双眼皮：

☐ 闭眼的时候，上眼皮有一条线

　　如果闭上眼睛，眼皮上有一条线的话，就是双眼皮或者内双眼皮。对着镜子看看吧。

☐ 睁开眼睛，就会看不见从眼头到眼尾的那条线

　　内双眼皮的话，如果睁开眼睛，眼皮重叠，那条线就会有一部分或全部隐藏起来，但大部分情况下，都能够看到眼尾部位的线。

内双眼皮的化妆要点

利用内双眼皮两层的宽度，依靠上、下睫毛使眼睛看起来水汪汪的

严禁使用浓颜色！要画细眼线、使用睫毛膏

通常情况下，内双眼皮的人要想眼睛看起来深邃，会选择深棕色或者灰色等深色的眼影。但是神崎小姐认为"如果选择深色的眼影，双眼皮的部分就看不出来了"。虽然画眼线是为了增添眼睛的魅力，但如果眼线画得过粗，几乎把双眼皮遮掉的话，就不好了。内双眼皮眼线要尽量画得细，上睫毛要从根部开始夹。卷翘的睫毛如果又长又浓密，就能起到突出双眼皮、扩宽眼睛长度的效果。涂睫毛膏的初衷也就是强调眼部的宽度。下睫毛也要涂上睫毛膏，可增强其存在感，进而使得眼睛看起来水汪汪的。

强调双眼皮

眼线要尽量细

下睫毛也要
涂睫毛膏
这是必要步骤

要谨慎使用
深色的眼影

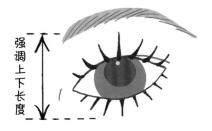

强调上下长度

眼线

Eyeline

突出眼部轮廓，
加强眼睛的存在感

画眼线是为了突出眼部轮廓。内双眼皮的人要记住一条原则：眼线不能粗得看不出双眼皮。这里使用的是基本的眼线笔。

眼线从黑眼珠的中间开始画，一直画到眼尾

画眼线要从黑眼珠的中间开始画，一直画到眼尾。眼线笔要一点一点地涂在睫毛的根部。尝试一下拉着眼皮画眼线，是不是变得比较容易了呢？

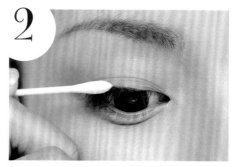

用棉签把眼线的上半部分擦掉

内双眼皮画眼线最重要的一点就是，眼线要尽量的细。用手指捏一下棉签头，然后用棉签把眼线的上半部分擦掉，这样眼线就变细了。

NG!

这样不合格！

双眼皮的部分不要画

把眼线描得很粗，把双眼皮的部分都遮盖了。虽然想要突出眼睛的存在感的，但这种做法是不对的。这样一来反而会使眼睛看起来比较小，给人一种妆太浓的印象。

3 微微颔下巴，就会很容易看到下眼皮

下眼线要比黑眼珠的直径稍微长一点

　　眼睛向前看的时候黑眼珠的位置，就是应该画眼线的地方。用眼线笔在此处的睫毛根部画。考虑到眼珠会动，所以眼线要画得比黑眼珠直径稍微长一点，这样看起来比较自然，也不会给人妆太浓的感觉，眼珠也看起来更大了。这种方法适合任何形状的眼睛。

4 用棉签擦一下眼线，睫毛根部会显得很浓密

　　用捏过的棉签，轻轻地从上端把步骤3画好的眼线晕一下。这样会使睫毛根部看起来更浓密，眼睛更大，而且效果很自然。

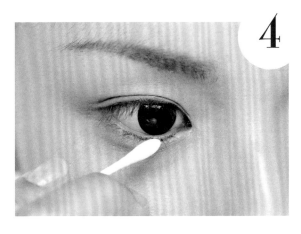

夹睫毛

把睫毛向上夹卷，
让眼睛从任何角度看都很大

睫毛，可是说是插在眼睛周围的小箭头。把直直向下的睫毛向上夹卷，这样可以拉长眼睛，使眼睛看起来水汪汪的。

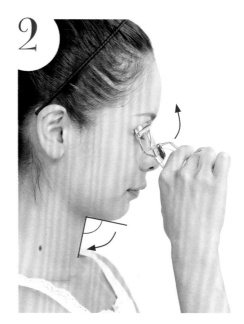

夹睫毛的秘诀是睫毛夹不动，头部上下摆动

首先把睫毛夹放在脸的正前方，用睫毛夹夹住睫毛的根部。然后把睫毛夹一点点往睫毛尖部移动，同时微微额下巴。从睫毛根夹到睫毛尖部，要分为4个步骤夹睫毛。

夹睫毛前：

夹睫毛后：

卷起来的睫毛长到眼皮前面，睫毛看起来变长了

　　从根部开始就很直的睫毛，夹完之后，会变成平滑曲线，而且弯曲上翘。这样眼睛看起来好像被睫毛拉大了。

3

4

涂睫毛膏

Mascara

睫毛膏能增加睫毛的长度和浓密感，
使得眼睛从任何角度看都很大

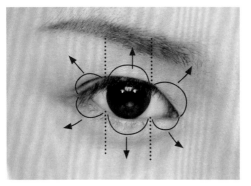

将眼睛分为3个区域来涂睫毛膏

　　顺着睫毛生长的方向，把眼皮分为眼头、眼中和眼尾3个部分。涂睫毛膏的时候，把睫毛刷从睫毛根部开始沿着箭头方向刷。

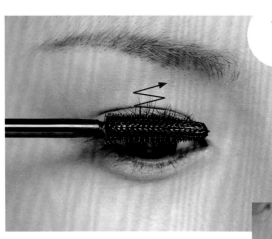

1

把睫毛刷抵在睫毛根部，轻轻地左右移动

　　首先从上睫毛的下侧开始。将睫毛刷抵在睫毛根部，在睫毛根部涂好之后，往睫毛尖部移动睫毛刷。按照眼中、眼头、眼尾的顺序来，反复涂3次。

把睫毛刷向睫毛尖部移动

　　如果睫毛根部涂得充足的话，不仅能够使睫毛看起来更浓密，加强睫毛的卷曲效果，还能突出眼睛的轮廓。

反复涂三次

睫毛膏的作用就是增添向上卷翘的睫毛的长度和浓密感，使其根根分明。如果想增强眼线效果，那么睫毛根部的睫毛膏就要好好涂。

2

睫毛上侧也要涂睫毛膏，"Z"字形涂完根部时，滑向睫毛的尖部

在睫毛的上侧睫毛膏，涂一次即可。比从下侧涂睫毛膏次数少的原因是为了不破坏睫毛的卷曲效果。

从眼头和眼尾的睫毛根部开始压睫毛

对于容易向下弯的眼头和眼尾的睫毛，要把睫毛刷抵在其根部，保持几秒，使其竖立起来。

3

4

压下睫毛根部，突出眼睛的宽度

将睫毛刷横着使劲压睫毛根部，可以使眼睛看起来变大。顺序依次为眼中→眼头→眼尾。

5 把粘在一起的睫毛分开

用睫毛刷的尖部把没有涂睫毛膏的地方涂上，顺便把粘在一起的睫毛分开，这样可使眼睛看起来水汪汪。

最后要梳理一下睫毛，打造自然感

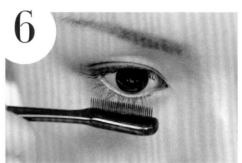

6

下睫毛也要用睫毛梳梳一下，这样既可以把残留在睫毛上的睫毛膏块处理掉，还可以把粘在一起的睫毛分开。

完成！

神崎小姐认为睫毛最好的效果是根根分明，这样会使眼睛看起来很大。因为眼睛轮廓突出，眼睛在面部的存在感会变强，整个面部妆容也会显得很清新。

眼睛狭长，
看起来过于纤细

单眼皮眼妆
的基本要点

单眼皮女生可以依靠神崎小姐大胆的"减法"
眼妆，来提升眼睛的魅力。

单眼皮：

☐ 上眼皮没有线

　　和双眼皮、内双眼皮不同，单眼皮上眼皮没有线。睁开眼睛时，
也看不到睫毛根部。

☐ 随着年龄的增长，上眼皮有可能出现线

　　乍一看好像是双眼皮，但是因为睁开眼睛的时候看不到睫毛的根部，所以和双眼皮还是有区别的。这种眼睛的眼妆画法和单眼皮是一样的。

单眼皮的化妆要点

夹睫毛和涂睫毛膏是决定一切的关键，要最大限度利用上、下睫毛

涂睫毛膏的时候，眼头的睫毛一根也不放过

大部分单眼皮的人在化眼妆的时候，喜欢在上眼皮涂深棕或灰色等深色的眼影，以给人鲜明的印象。神崎小姐说："细长而清秀的眼睛虽然比较适合职业一点的妆容，但是对于单眼皮，我更想突出它俏皮的特点。"让单眼皮的眼睛看起来水汪汪的，最有利的武器就是睫毛。上睫毛要从根部开始使其卷翘。这样做的目的是从正面看时，睫毛尖长出眼皮。其次，如果上、下睫毛都涂上睫毛膏来增强存在感的话，眼睛会变宽，看起来就会水汪汪的。要注意的一点是，为了让下睫毛看起来浓密，要充分利用下眼线。

只画下眼线

上睫毛要从根部开始夹

下睫毛也要涂睫毛膏

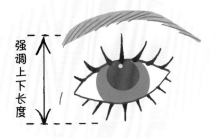

强调上下长度

单眼皮化妆的误区

1 强调眼尾，使其看起来更细长

有些人会把眼线画到眼尾之后，或者把眼尾的睫毛膏涂得很浓。这样的做法会让眼睛看起来更细长，但神崎小姐的做法是突出单眼皮的可爱特点。

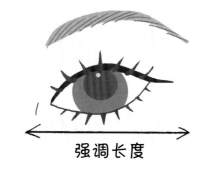

强调长度

2 上眼皮涂上深色的眼影

如果在眼皮上涂上深棕色、灰色或者宝蓝色等深色眼影的话，这样突出的是眼影的颜色而不是眼睛，还会使单眼皮特有的清爽感消失。如果涂眼影的话，推荐使用柔和色系的眼影。

3 眼睛周围全部画上黑色眼线

为了强调眼睛的魅力，而画了一圈黑色的眼线。如此一来，反而会使眼睛看起来更小。神崎小姐推荐使用看起来比较自然的棕色眼线笔，而且不建议在下眼皮的眼头等部位画眼线，这样能够让眼睛看起来水汪汪的。

解决单眼皮的疑问！

问. 当很累或者睡眠不足的时候，上眼皮会出现一条线。本来是单眼皮，这样就变成了双眼皮？

答. 从正面可以看到睫毛根部的就是双眼皮。即使因为年龄或者劳累的关系眼皮上出现一条线，如果看不到睫毛根部的话，仍然是单眼皮。

模特森田小姐经常会被周围的人问："你是双眼皮吗？"但是从正面看，看不到睫毛的根部。从侧面看的话，就会看到睫毛是从眼皮的内侧长出来的。这样即使眼皮上有"线"的存在，也是单眼皮。

眼线

上眼皮不画眼线，
只画下眼皮的眼线

虽然画眼线时要把睫毛根部的空隙填满，但神崎小姐认为，单眼皮看不到上眼皮睫毛根部，所以不用画上眼线，只画下眼线就足够了。

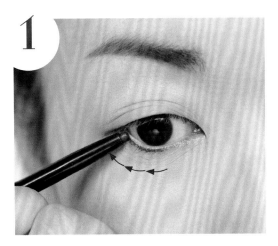

1

眼线从黑眼珠下侧位置开始，一直画到眼尾，睫毛根部要用眼线填满

这里用的是棕色的眼线笔。把黑眼珠下侧到眼尾的睫毛根部都涂满。不要一笔画到底，而要一小段一小段地画眼线。

从开始画眼线的位置向着眼头，用棉签晕一下眼线。晕染时，稍微用些力气。

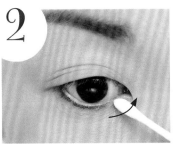

2

从开始画眼线的位置向眼头晕染

最后轻轻擦一下整个眼线

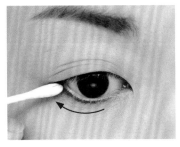

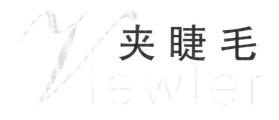

夹睫毛

用睫毛夹夹上睫毛，使其向上卷翘，
让眼睛看起来更大

　　睫毛，可以说是插在在眼睛周围的小箭头。让上睫毛变得更卷翘，以此来强调眼睛的宽度，从而使眼睛看起来更大。一定要把睫毛夹成睫毛伸到眼皮上面的效果。

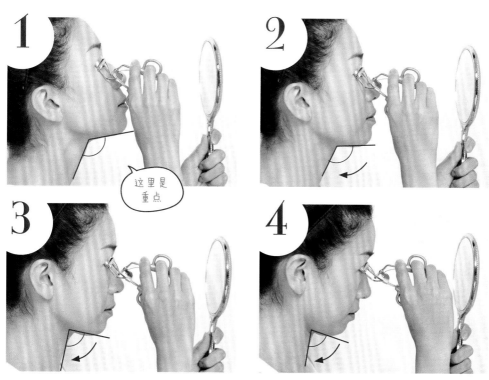

这里是重点

睫毛不变，轻摆头部

　　首先，夹睫毛根部的时候要用力。抬起下巴，让眼皮和睫毛分开的话，就很容易夹。夹2次到4次，要逐渐往睫毛尖部夹。稍微颔下巴，使拿睫毛夹的手和下巴渐渐远离。

涂睫毛膏

增加睫毛的长度和浓密度，让眼睛看起来更大

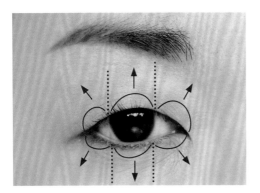

分3部分来涂睫毛膏

　　睫毛按照生长的方向，分为眼头、眼中和眼尾3个部分。涂睫毛膏的时候，要用睫毛刷从睫毛根部按照箭头的方向来涂睫毛膏。

1 把睫毛刷抵在睫毛根部

　　把睫毛刷放平，抵在上睫毛根部下侧，轻轻左右移动睫毛刷，使睫毛膏涂在睫毛上，然后，把睫毛刷滑向睫毛尖部。3个区域都是如此。

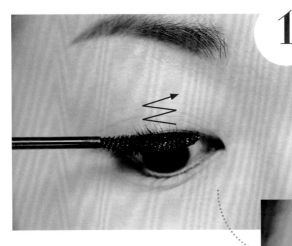

滑向睫毛尖部

　　睫毛根部涂得好的话，不仅会更加突出眼睛的轮廓，而且睫毛看起来也会更浓密，还会提升睫毛的卷曲效果。

反复涂三次

睫毛膏的作用就是增强睫毛的长度和浓密感，使其根根分明，让眼睛从任何角度看都很大。

2 把睫毛刷抵在睫毛根部，然后向上抵着睫毛

把睫毛刷竖起来，抵住眼头的睫毛的根部，使得睫毛向上。这样做既可以使睫毛更挺立，也可以把粘在一起的睫毛分开。

眼中和眼尾部分也一样

用同样的方法，使眼中和眼尾部分的睫毛也挺立起来。这一步，神崎小姐强烈推荐给睫毛不怎么明显的单眼皮。

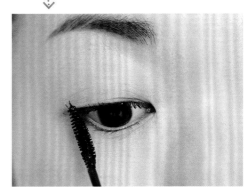

3

睫毛尖部多涂几次睫毛膏

把睫毛刷横过来，在睫毛尖部多涂几次，这样会加长睫毛的长度，最后要用睫毛梳梳一下。

4 用睫毛刷把下睫毛根部抵住，压弯

用睫毛刷压住下睫毛，这样既能够涂上睫毛膏，也能够使得睫毛变弯，从而使眼睛看起来水汪汪的。

把粘在一起的睫毛分开，然后在睫毛尖部多涂几次睫毛膏

5

把睫毛刷竖起来，用睫毛刷的尖部把粘在一起的睫毛分开。然后，在睫毛尖部多涂几次睫毛膏，这样会使睫毛看起来更长。

6

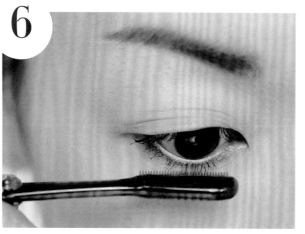

梳掉睫毛膏块，把粘在一起的睫毛梳开

最后一步是梳理睫毛。把睫毛梳放在睫毛根部，轻轻地左右移动到睫毛尖部，仔细梳理。

完成！

虽然只画了下眼线，但眼睛的轮廓却十分鲜明。睫毛的存在感增强了，眼睛看起来变得又大又水灵了。

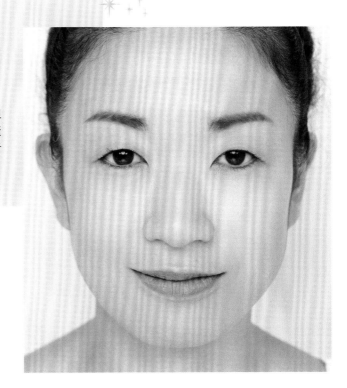

对于单眼皮来说必需的睫毛膏的效果

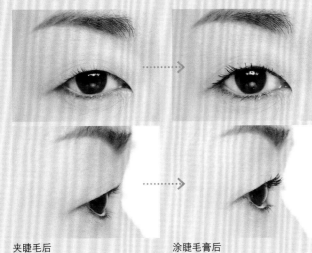

化妆前： 化妆后：

夹睫毛后　　　　　涂睫毛膏后

眼睛大了1.5倍！

有很多单眼皮的人会在上眼皮涂上深色的眼影来达到放大眼睛的效果。但掌握这个方法即使不涂眼影，眼睛也会变大，并且效果很自然。所以，单眼皮应该在涂睫毛膏上多下工夫。

眼妆必不可缺的

基本化妆工具

这里收集了一些双眼皮、内双眼皮和单眼皮画眼妆时必不可缺的化妆工具。这些都是神崎小姐根据使用容易度和效果满意度进行的挑选，希望能够为大家提供一些参考。

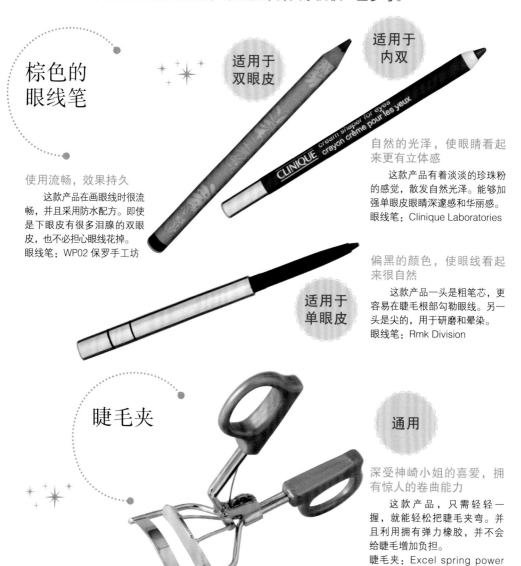

适用于双眼皮

适用于内双

棕色的眼线笔

使用流畅，效果持久

这款产品在画眼线时很流畅，并且采用防水配方。即使是下眼皮有很多泪腺的双眼皮，也不必担心眼线花掉。
眼线笔：WP02 保罗手工坊

自然的光泽，使眼睛看起来更有立体感

这款产品有着淡淡的珍珠粉的感觉，散发自然光泽。能够加强单眼皮眼睛深邃感和华丽感。
眼线笔：Clinique Laboratories

适用于单眼皮

偏黑的颜色，使眼线看起来很自然

这款产品一头是粗笔芯，更容易在睫毛根部勾勒眼线。另一头是尖的，用于研磨和晕染。
眼线笔：Rmk Division

睫毛夹

通用

深受神崎小姐的喜爱，拥有惊人的卷曲能力

这款产品，只需轻轻一握，就能轻松把睫毛夹弯。并且利用拥有弹力橡胶，并不会给睫毛增加负担。
睫毛夹：Excel spring power color

黑色睫毛膏

使睫毛更加纤长的刷子状睫毛刷

推荐内双眼皮的人使用纤长型睫毛膏。
睫毛膏：Max Factor

适用于内双

适用于单眼皮

使睫毛更加卷翘的弧形刷

推荐单眼皮的人使用，能够提升卷翘效果的产品。
睫毛膏：Clinique Laboratories

适用于双眼皮

适合双眼皮的移动式有弧度睫毛刷

这款产品能够让眼妆变得自然。刷毛很短，不会蹭到眼皮上。
睫毛膏：花王 SOFINA

能够梳掉睫毛膏块，使睫毛更顺

这款产品采用金属的梳齿，且梳齿头很尖，可以梳掉睫毛膏块，达到整理睫毛的效果。因为是折叠式的，所以可以轻松收纳到化妆包里。
睫毛梳：Shanti

睫毛梳

通用

选好睫毛夹是化妆成功的第一步！

要选择和自己的眼睛形状和睫毛相符的睫毛夹

这里是重点！

中间为适合所有人的基础款。眼睛圆的人，适合选择左边的弧度较大的睫毛夹；眼睛细长的人，选择右边的弧度比较小的睫毛夹，这样才能把睫毛夹得漂亮。
从左到右依次是：RMK Division / 资生堂 / Cozy总店

Part 2

时间、地点、
场合和见的人不同，眼妆也不同

3大场合的
眼妆效果

　　基本的"画眼线→夹睫毛→涂睫毛膏"的步骤掌握之后，接下来就是化妆篇了。这本书设定了休闲、正式、宴会3种女性会遇到的场景。对于双眼皮，内双眼皮和单眼皮3种类型的人，神崎小姐也提出了不同的化妆方法。

既看不出努力地化过妆
也不会显得太素

双眼皮眼妆
3种场合的化妆要点

　　双眼皮的人，虽然有着可爱的五官，但是有时候会显得散漫。

　　神崎式的双眼皮妆面，适合各种年龄，且充满女人味。

场景 **1**

休闲
Casual

□ 去商场买东西
□ 接送孩子
□ 和朋友吃饭

　　虽然不用像画正妆那样正式，但是看起来好像偷懒没化妆也不好……在这样日常的场景下，推荐几种化妆方法。

▶▶ 3分钟简便妆 P46

场景 **2**

Official

正式

- ☐ 上班
- ☐ 孩子的家长会
- ☐ 学习

　　和孩子的老师见面、工作的场合、穿夹克或者衬衫的场合下，推荐几种化妆方法。

▶▶ 正式妆 P50

场景 **3**

Party

宴会

- ☐ 同学聚会
- ☐ 参加婚宴
- ☐ 孩子学校活动

　　参加婚宴、音乐会、应酬活动时，在穿礼服的场合下，推荐几种化妆方法。

▶▶ 宴会妆 P56

场景 **休闲** 1

Casual make-up

双眼皮

3 分 钟 简 便 妆

休闲妆的一大特点是，花很少的时间就能完成。因此，比起华丽的正妆，这种场合的化妆只要提亮眼周和肤色，把不足的地方补足就可以了。

脸颊 & 嘴唇

提升气色的自然桃色

为了使肌肤看上去白里透红，最好选择霜状的腮红，涂在脸颊中央。口红推荐使用不用看镜子就能够轻松涂抹的管状口红。

左：适合休闲妆的橘色底妆，并且有保湿效果。
管状口红：Clinique Laboratories

右：介于橘色和粉色中间的柔和桃色。
腮红：Paul & Joe Beaute

用眼线来突出眼睛的轮廓，
用睫毛膏来突出眼睛的存在感

睫毛根部的缝隙要用眼线来填满

　　用棕色的眼线笔把上眼皮眼头到眼尾的睫毛根部填满，然后用棉签稍微晕染一下。

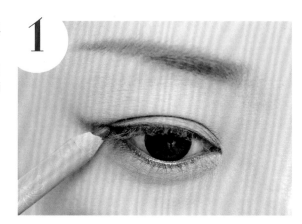

下眼皮的眼线要画得比黑眼珠的直径长一点

　　用眼线笔把下眼皮睫毛根部的缝隙填满。眼线长度要比眼睛看向前方时黑眼珠的直径长一点。这样既不会显得过于努力地化过妆，而且眼睛也很自然地变大了。这种技巧适合任何形状的眼睛。

眼头处画上眼线会很不自然，只需用棉签轻擦一下

　　如果把下眼线画到眼头的话，就会显得过分强调眼妆了。若想使睫毛根部看起来浓密，只需用棉签从靠近眼头的一侧向眼头方向擦一下即可。

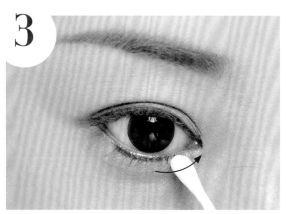

这里是重点！

镜子只要稍微向上拿，就会很容易看到下睫毛的根部。

4 用棉签晕染下眼线，看起来就会很自然

和步骤3一样，也是从靠近眼头的一侧，不同的是这次是向眼尾方向，轻轻在眼线上擦一下。

5 把睫毛夹弯，要从睫毛根部开始

把上睫毛用睫毛夹夹弯，然后在上、下睫毛均匀涂上睫毛膏。特别要注意的是，睫毛根部要多涂一点。

完成！

不用眼影,只用眼线和睫毛膏来强调睫毛根部和睫毛。这样，化完妆，眼睛就自然放大了。

场景
正式

双眼皮

正式妆

有没有过这样的经历：在某种场合，你会不由自主地脸红心跳，非常紧张。通常在这种时候，你都会希望给对方留下一个真挚友好的印象。但是，这并不意味着你应该马上就改变妆容风格。神崎小姐提醒大家：千万不要忘记柔和与优雅。

脸颊 & 嘴唇

增添眼神亲切感，首选柔和色调

腮红涂在脸部中央到太阳穴位置。用口红尖先描一遍嘴唇的轮廓边，然后涂口红，这样会给人一个认真的印象。

左：有光泽的米粉色，使人看起来很精神。
口红：Paul & Joe

右：很亲肤的橘色。
腮红：Anna Sui Cosmetics

下眼皮涂上珍珠粉的眼影，认真中透着优雅

从眼头到眼尾，用眼线填满睫毛根部

　　用棕色的眼线笔把上眼皮的睫毛根部填满。和基本步骤一样，要一点一点地画眼线，这样会比较容易画。

眼角的眼线要画粗一些，突出眼睛的鲜明感

　　在步骤1已经画好的眼角的眼线之上，再描一遍。这样会更突出眼角，提升眼睛的成熟感。

用棉签晕染眼尾的眼线，使其更细更自然

　　把棉签头用手指捏一下，然后把眼线晕染一下。最后，把棉签向太阳穴的地方擦一下，这是使眼尾的眼线变得纤细的秘诀。

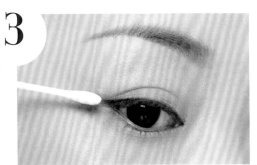

在黑眼珠下侧到眼尾的位置，画下眼线

　　把下眼皮从黑眼珠下侧到眼尾的睫毛根部用眼线填满。然后，用棉签在眼线上轻轻擦一下，使得眼线更自然地与肌肤融合。

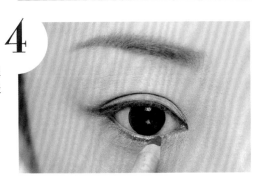

5 用米色的眼影来突出眼睛的深邃感

用眼影棒蘸取米色的眼影（左下的产品），涂在上眼皮中间。注意不要超过双眼皮的范围。

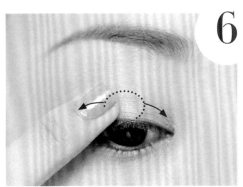

6 用手指把眼影向眼皮两端涂抹

把步骤5所涂的眼影，用指腹向眼头和眼尾方向涂开。这样，眼睛中间的部位就会看起来比较高，眼角和眼尾看起来会比较低，使眼睛更具立体感。

7 用粉色的眼影来增加女人味

用眼影刷蘸取珍珠粉色的眼影（右下的产品），涂在眼头处，下眼皮一直涂到黑眼珠靠近眼头的位置。

增加立体感的产品，带有微微珠光

涂抹在双眼皮处，来增加眼睛的深邃感和光泽

这款产品会增加眼睛的自然深邃感。拥有细腻的触感，颜色为淡米色，眼影颗粒紧密。
眼影：Anna Sui Cosmetics

涂在眼头和下眼皮，增加亮度

这款产品为亮珍珠粉色。淡淡珠光，适合工作时使用。
眼影：RMK Division

8

用手指轻轻擦一下眼影，使其与肌肤很好地融合到一起

用指腹把眼角和下眼皮的眼影轻轻擦一下，这样会自然地提升眼睛周围的亮度。

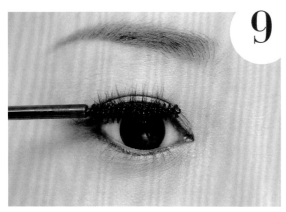

9

把睫毛夹一下，涂上睫毛膏，使眼睛变得鲜明

和基本步骤一样，用睫毛夹把上睫毛夹弯，然后在上、下睫毛涂上睫毛膏。记住不要忘记涂眼头和眼尾的睫毛。

完成！

用眼线来强调眼尾，眼睛看起来很有神彩。柔和的米色和粉色眼影，既能突显眼睛，还能增添优雅的感觉。

专栏

戴眼镜时的眼妆

　　令人意想不到的是，眼镜框也可以使眼睛变得鲜明。过分地化妆会显得花哨，但什么都不做的话，又会让人觉得偷懒……

　　神崎小姐认为，戴眼镜时的眼妆，睫毛是关键。因此要使睫毛看起来很浓密。

如何化妆

　　用睫毛夹夹睫毛时，要从睫毛根部开始夹。涂睫毛膏时，首先，要把睫毛刷抵在睫毛根部，然后，一点一点地移动睫毛刷，把睫毛膏均匀地涂在睫毛上。睫毛尖部少深涂点睫毛膏，以免把镜片弄脏。对于摘下眼镜很难看清近处、化妆很吃力的人，建议使用手持放大镜，这样会很方便。

场景
宴会 3

Party make-up

双眼皮

宴会妆

在重要的日子里，往往会过多使用珠光色或者金银色系，但是这样一来会很容易被认为化妆过度了。因此神崎小姐推荐使用棕色系和亮色调的眼影组合，如此一来就兼具气质与华丽了。

脸颊 & 嘴唇

正红色等颜色显老，优雅的颜色今年比较流行

腮红涂在脸颊的中央到太阳穴的位置，面积稍微涂得大一点会看起来比较端庄，给人一个很开朗的印象。另外在座位上会和很多人交谈，所以唇膏最好选择不会突出嘴唇纹路的产品。

左：这款产品是优雅的橘米色。
唇膏：Lavshuca Liquid Rouge

右：这款产品是米粉色，即使多涂几层也不会显得很花哨。
腮红：AUBE Couture

上眼皮用棕色系加深，下眼皮用粉色来突出女人味。眼影要分开使用

眼尾的眼线比实际的眼睛画得稍微长一点

用眼线笔把眼皮眼头到眼尾的睫毛根部填满。眼尾处要稍微画得长一点，收尾处要微微向下。

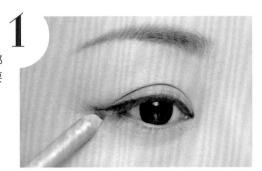

用米色的眼影提亮上眼皮

用刷子蘸取亮色调的眼影（下面的商品 A），从眼头涂抹到眼窝（上眼皮凹陷处）。

用棕色的眼影来增强眼线的紧凑感

用眼影刷蘸取深棕色的眼影（下面的商品 B），涂在步骤1已经画好的眼线上。这是使眼睛更深邃的秘诀。

这是平日不常用的产品

虽然没有化妆感，但是会增加立体感

这款产品的颜色是从米色到深棕色的层次色。因为使用很容易，所以很受欢迎。

眼影：RMK Division

4 把眼尾处的眼影涂得宽一点，会给人留下成熟的印象

在眼头处用刷子尖部涂眼影，涂到眼尾时，把刷子侧过来用，这样眼尾处的眼影自然就变宽了，会给人一种成熟的感觉。

5 用液体眼线笔再画一次眼线，提升眼睛的魅力

用深棕色的液体眼线笔（下面的商品），在黑眼珠上方到眼尾处已经涂好的眼线上再画一次。这次的眼线画得要尽可能细。

眼尾处的眼线要比实际的眼尾稍微往外，形成一种渐渐消失而不是突然消失的效果。

重复画眼线，使眼睛更鲜明

这是一款很容易定型的眼线笔，强烈推荐给不常用这类产品的人。
眼线笔：Kanebo

6

下睫毛根部的缝隙用眼线笔填满

画下眼皮的眼线。用棕色的眼线笔把黑眼珠下方的睫毛根部填满。要涂得比黑眼珠直径稍微长一点。

7

防止眼线晕掉、突出眼睛魅力的秘诀

用刷子尖端蘸取深色的眼影（P58 B 产品），在步骤6已经画好的眼线上涂抹一下。这就是让眼睛变得更大更水灵的秘诀。

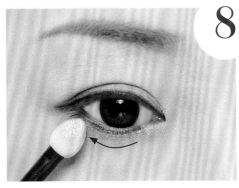

8

在下眼皮上涂上加入金银粉的眼影，增强眼睛的亮度

用刷子蘸取加入金银粉的粉色眼影（下面的商品），涂在下眼皮眼头到眼尾的位置。这样，可以增强与重要日子相符的豪华感和美丽。妆面端庄素雅的重点在于在下眼皮处涂含有金银粉的眼影。

提高奢华感的产品

涂在下眼皮，眼睛立刻变得闪亮

这款产品的粉色很漂亮，能让眼睛变得很可爱。金银粉不那么突出，与粉色完美融合，给人一种高贵的感觉。

眼影：RMK Division

9 用睫毛夹和睫毛膏突出睫毛的存在感，让眼睛看起来又大又水灵

就像基本步骤一样，用睫毛夹把上睫毛夹弯，然后在上下睫毛涂上睫毛膏。下睫毛要用睫毛刷压弯。

完成！

这款妆容，并没有大量使用带珠光的化妆品，仅以下眼皮为重点使用，效果卓越。其他位置运用了棕色、黑色等融合度较好的颜色，使得别人看不出很过度画妆的痕迹。

这里是重点！

时间+技术

在眼角的位置涂一些蓝色的眼影，就会增强眼妆的透明感

用手指蘸一些淡珠光蓝色的眼影涂在眼头周围，然后用干净的手指轻轻晕染一下。这是增强眼妆豪华感和透明感的秘诀。

让眼睛看起来不再呆滞
化妆效果超群

内双眼皮眼妆
3种场合的化妆要点

"明明仔细化过妆，却一点儿也看不出来。"
这应该是许多内双眼皮人苦恼的地方，不过正因如
此更要在此多下工夫。
神崎小姐的内双眼皮妆面会让人觉得非常可爱。

场景 **1**

休闲
Casual

☐ 去商场买东西

☐ 接送孩子

☐ 和朋友吃饭

　虽然不用像画正妆那样正
式，但是看起来好像偷懒没化妆
也不好……在这样日常的场景下，
推荐几种化妆方法。

▶▶ **3分钟简便妆** P64

62

场景 2

Official 正式

- ☐ 上班
- ☐ 孩子的家长会
- ☐ 学习

　　和孩子的老师见面、工作的场合、穿夹克或者衬衫的场合下，推荐几种化妆方法。

▶▶ 正式妆 P68

场景 3

Party 宴会

- ☐ 同学聚会
- ☐ 参加婚宴
- ☐ 孩子学校活动

　　参加婚宴、音乐会、应酬活动时，在穿礼服的场合下，推荐几种化妆方法。

▶▶ 宴会妆 P72

场景 休闲 **1**

内 双 眼 皮

3 分 钟 简 便 妆

每天化妆，希望三两下就搞定。以最少的步骤来达到效果是最先考虑的问题。我们的目标是，把随着年龄增加而不再年轻的脸变回几年前充满活力的脸庞。关键词是——水灵。

脸颊 & 嘴唇

增添肌肤和嘴唇水灵灵的光泽感和自然血色

要想皮肤和嘴唇从内部散发出的自然地光泽感，腮红要选择霜状的，唇膏要选择液态的。两款的颜色都属自然的粉色系。

左：这款产品是液态的，所以涂完之后嘴唇会很有光泽感。
唇膏：AUBE Couture

右：这款产品颜色为鲜艳的粉色。因为是霜状的，所以色调柔和。
腮红：UNE Natural Beauty

在眼头涂上珠光粉色的眼影 来加强眼睛的修饰感和光泽

把眼尾处的眼线稍微向下画，使看起来比较细长的眼睛变得柔和

　用眼线笔把黑眼珠中间的位置到眼尾的睫毛根部空隙填满。眼尾处的眼线，要比自己实际的眼线画长3毫米，并且稍微向下。

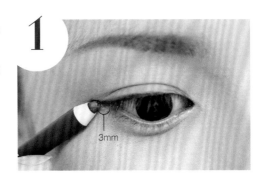

如果眼线太粗，就用棉签把眼线上部擦去

　把棉签头用手捏一下，然后用棉签把步骤1画好的眼线的上半部分擦掉。把粗眼线变细的秘诀就在于此。

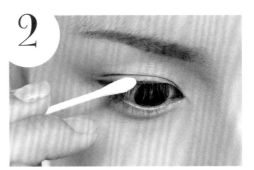

画下眼线，考虑到眼睛会动，所以要画的稍微长一点

　用眼线笔把黑眼珠下方的睫毛根部填满，眼线要画得比黑眼珠稍微长一点，这样看起来会比较自然，最后用棉签晕染一下。

涂上有光泽且很柔和的珠光粉色的眼影，加强眼睛的优雅感

　用干净的棉签蘸取珠光粉色的眼影（P67商品），呈"〈"形涂在眼角，然后用手指晕染一下。

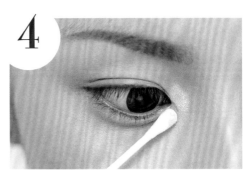

5

夹睫毛，使睫毛从重叠的眼皮中出来

就像基本步骤那样，把上睫毛夹弯，使睫毛从根部就向上弯曲。然后在上、下睫毛上涂好睫毛膏。

完成！

虽然只画了眼线、涂了睫毛膏，但是眼角处有闪亮感。这款眼妆只不过用了普通的化妆方法，就解决了内双眼皮的人所担心的"很容易看起来很土"的问题。

补足眼角的明亮感和闪亮度的产品

涂在眼角的珠光粉

这款产品为冷色调的珠光，所以看起来不会显得幼稚。

珠光粉：Kosé

内双眼皮
正式妆

想要打造一种正式的感觉的话，可以选择"棕色+米色"系妆容。但是如果使用珠光色和金银色过于浓重的化妆品的话，只要稍微弄错一点，就会看起来没那么有气质了。因此，神崎小姐在这里推荐使用不是很耀眼的且具有质感的化妆品。

脸颊 & 嘴唇

唇膏和眼影都选用米色系，腮红使用鲜艳的橘色

唇部选择浅米色。用口红尖描绘唇部轮廓然后涂抹。这样可以使唇部变得鲜明。米色加棕色系的妆容，用橘色的腮红来增加可爱感。

左：适合于任何眼妆的带橘色的米色。
口红：Paul & Joe

右：橘色组合。
腮红：Kanebo

使用和肌肤融合度较高的双色米色系眼影，
突出眼睛的立体感

用米色的眼影来加强眼睛的深邃感

　　用刷子蘸取米色的眼影（下面的商品A）从眼头涂到眼窝（上眼皮的凹陷处）。

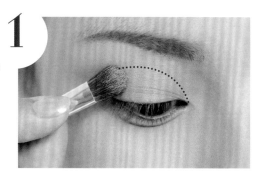

在眼头和下眼皮涂米粉色眼影，给人一种干练的形象

　　用刷子蘸取米粉色的眼影（下面的商品B），呈"く"形涂在眼头和下眼皮黑眼珠所对应的位置涂上。

把眼尾的眼线稍微向下画一点，可使眼睛看起来比较优雅

　　用眼线笔把黑眼珠到眼尾的睫毛根部缝隙填满。眼尾的眼线比自己的眼睛稍微长一点，而且要稍微向下画。

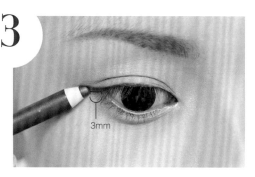

3mm

简单的打造出一种立体感
的产品

浅红色眼影让妆容更有女人味

　　这款产品右边是让人感觉温暖的米色、棕色，左边是亮粉色。

眼影：Kanebo

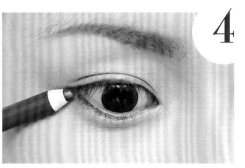

4 下眼皮的眼线要画到眼尾，这样会使得眼睛"变大变水灵"的效果更突出

用眼线笔把黑眼珠靠近眼头的位置直到眼尾的睫毛根部填满，然后才晕眼线。这样，眼睛就自然变大了。

5 用棉签晕染一下眼线，使睫毛看起来更浓密

用手指捏一下棉签，把步骤4画好的眼线晕染一下。这样，眼睛就会看起来比较大且水灵。

6 让睫毛根部向上卷曲

就像基本步骤那样，从根部把上睫毛夹弯，然后在上下睫毛上涂睫毛膏。

Finish

完成！

在上眼皮涂米色的眼影来突出眼睛的深邃感，在下眼皮涂比肤色更亮的粉米色眼影来突出眼睛的亮度。这样会使得眼睛看起来更有立体感。

场景 宴会 3

Party make-up

内双眼皮
宴会妆

参加宴会时，推荐使用带珠光的化妆品。但是，不能在上眼皮上涂太多，否则会让眼睛看起来有些浮肿。若为提亮眼周而涂抹过多带珠光或金银粉的化妆品的话，你周围的人就会觉得你是过分化妆哦！

脸颊 & 嘴唇

内双眼皮的人化妆很容易有成熟感。适当地运用用粉色可以使妆容看起来很可爱

虽然米色的腮红和唇膏，会使内双眼皮的人看起来很雅致，但神崎小姐在这里推荐使用粉色。因为粉色是不怎么常用的颜色，所以会有一种特别的感觉。而且，粉色也很适合内双的人。

左：这款产品有着纤细的珠光感，能让眼睛轮廓看起来更突出。
口红：AUBE Couture

右：这款产品是有着金色珠光的鲜艳粉色。如果有光照到的话，会闪闪发光。
腮红：井田 Laboratories

稳重的棕色带珠光的眼影，会使眼睛看起来更大更水灵，而且非常适合正式场合，真是一举两得

把眼尾的眼线向下画一点，会让眼睛看起来很优雅

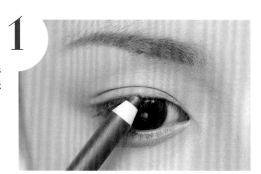

用眼线笔把黑眼珠中间位置到眼尾睫毛根部的缝隙填满，眼尾的眼线要比自己实际的眼睛画长3毫米，并且稍微向下画一点。

画眼尾的眼线时不能突然终止，而是要像融入肌肤之中一样慢慢消失，而且眼线要纤细

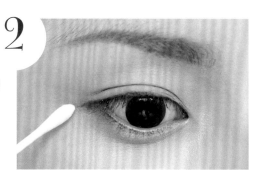

把棉签头捏一下，用棉签把眼线向外擦去一半，这样眼尾的眼线就会变得更纤细。

为了在闭眼时眼皮也能很闪亮，建议涂2次珠光眼影

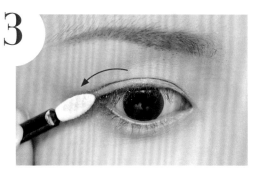

用刷子蘸取粉米色的眼影（下面的商品A），涂在黑眼珠上方靠近眼头的位置到眼尾处。

加强眼睛的闪亮度和立体感的产品

A
B
C

涂在眼睛周围的米色层次眼影

这款产品的颜色是比较基础的颜色，但是珠光感很强，很漂亮。
眼影：资生堂

4

把眼头晕染一下，这样珠光看上去不会那么闪耀

用干净的刷子把步骤3已经画好的眼影向眼头晕染一下，这样珠光米色不会使眼睛看起来肿肿的。

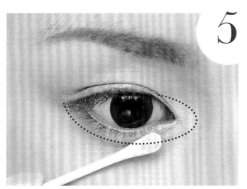

5

在眼角头一些珠光色，加强修饰感

把棉签捏平，然后蘸取米色的眼影（P74产品），呈"〈"形涂在眼角，然后一直涂到眼尾。

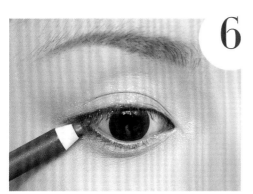

6

把下睫毛根部的缝隙用眼线笔填满

用眼线笔，把黑眼珠靠近眼头的位置到眼尾的睫毛缝隙填满。要一点一点地画，这样会比较容易。

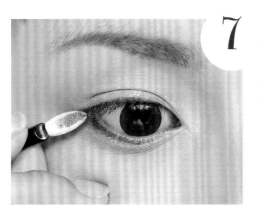

7

用棕色的眼影把眼线晕染一下，这样会凸显自然的感觉

用刷子蘸取棕色的眼影（P74 商品C），涂在步骤6画好的眼线上。这是让眼睛更大更水灵的秘诀。

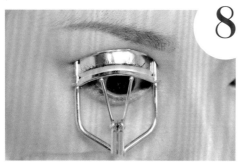

8　睫毛根部是夹睫毛和涂睫毛膏的重点

　　就像基本步骤那样，从根部开始把上睫毛用睫毛夹夹弯，然后从睫毛根部开始把涂上下睫毛的睫毛膏。

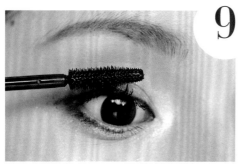

9　多涂几次睫毛膏，让眼睛看起来更圆

　　再用刷子蘸一些睫毛液，在黑眼珠上方的睫毛尖部多涂几次，这样会起到增加眼部宽度的作用，让眼睛看起来很明亮。

完成！

　　尽管珠光感的眼影只涂在了双眼皮和眼角的位置，但是仍然会给人一种惊艳的感觉，而且眼线和睫毛膏使眼部轮廓看起来很紧凑，所以眼睛看起来不会显得很肿。

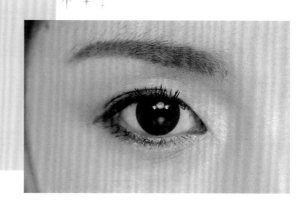

这里是重点！

时间+秘诀

画上眼皮的内眼线，可以更加提升眼睛的魅力

　　在上睫毛的内侧黏膜画内眼线，睁开眼睛就可以看到，突出眼睛的效果很明显。从黑眼珠靠近眼头的位置开始一直画到眼尾。如果你拉着上眼皮画眼线的话，就会变得很容易哦！

专栏

眼睛的烦恼系列
一点建议①

每个人的眼睛形状都不一样。因此，除了基本的技巧和不同场合的妆面，这里会介绍一些让眼睛变得更漂亮的技巧。

眼睛细长

多涂几次睫毛膏的话，睫毛看起来就会变长，这样可以增加眼睛的宽度

若想增强眼睛的存在感，使用黑色的眼线笔画眼线反而会使眼睛变小。可以在黑眼珠上方的睫毛尖部多涂几次睫毛膏，这样会使睫毛看起来更长，而且能够增加眼睛的宽度，让眼睛看起来又大又水灵。

眼睛很大

如果全画的话，会看起来很花哨，因此要省略一部分基本步骤

有人会因为眼睛很大，稍微画一下就会变得很花哨而为难。这样的人，可以省略夹睫毛的步骤，只涂睫毛膏，或者不画下眼线。这样省略步骤之后就不会给人花哨的感觉了。

吊眼梢的眼睛

这样的人需要依赖眼尾的眼线和眼影的功效，使眼尾看起来向下

想要吊眼梢的眼睛看起来比较优雅，起决定性作用的是眼尾的眼线。上眼线要比实际的眼尾稍微向下，下眼线只在眼尾画眼线，并且要在上面涂上棕色系的眼影。这样就会强调眼尾，使得眼尾看起来比较靠下。

眼尾下垂的眼睛

这样的人需要依赖眼尾的眼线和睫毛夹的功效，使得眼角向上

想让眼尾向下的眼睛看起来向上，就要把上眼线稍微向上画一下。而且，夹睫毛的时候，把眼尾处上睫毛根部夹弯，让眼尾看起来向上。

看起来不再土气
变身优雅

单眼皮眼妆
3种场合的化妆要点

眼睛狭长又是单眼皮的人，比起深色系，更适合使用柔色系的亮色调。需要注意的是只在下眼皮使用就可以了。

场景 **1**

休闲
Casual

☐ 去商场买东西

☐ 接送孩子

☐ 和朋友吃饭

　虽然不用像画正妆那样正式，但是看起来好像偷懒没化妆也不好……在这样日常的场景下，推荐几种化妆方法。

▶▶ 3分钟简便妆 **P80**

场景 2

正式

Official

☐ 上班

☐ 孩子的家长会

☐ 学习

　　和孩子的老师见面、工作的场合、穿夹克或者衬衫的场合下，推荐几种化妆方法。

▶▶ 正式妆 **P84**

场景 3

宴会

Party

☐ 同学聚会

☐ 参加婚宴

☐ 孩子学校活动

　　参加婚宴、音乐会、应酬活动时，在穿礼服的场合下，推荐几种化妆方法。

▶▶ 宴会妆 **P88**

单眼皮

3 分钟简便妆

上眼皮既不画眼线也不涂眼影，也许你会觉得不安，但是这样反而更能突出单眼皮的透明感和清新感。这是单眼皮特有的化妆技巧：只需画下眼线，涂睫毛膏，就会达到眼睛变大的效果。

脸颊 & 嘴唇

乍一看很花哨的颜色，对单眼皮来说也能运用自如

单眼皮的人看起来很成熟，五官也比较清新。因此，用那些富有魅力的颜色，不但不会显得很散漫，反而能够增强修饰感。腮红和唇膏都是鲜艳的橘色系，妆面会很可爱。

左：这款产品的颜色是有光泽的橘米色。
唇膏：Lavshuca Liquid Rouge

右：这款产品的颜色是像果实一样水水的橘色，十分亲近肤色。
腮红：Paul & Joe Beaute

虽然只在下眼皮画眼线、涂眼影，
但是这样更能突出眼睛的存在感

把黑眼珠下方的位置到眼尾的睫毛间隙填满

用眼线笔把黑眼珠中间的位置到眼尾的睫毛根部的缝隙填满，要一点一点地画眼线，这样画比较容易。

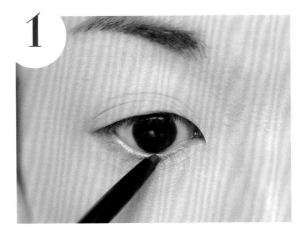

为了让细长的眼睛看起来柔和优雅一些，要把眼尾的眼线画得稍微向下一点

画眼尾的眼线时要比实际睫毛根部稍微向下。单眼皮容易给人尖锐的印象，而这一步骤，是让眼角下垂、眼睛变得优雅的秘诀。

用棉签把眼线晕染一下，使其和肌肤更好地融合

用手指捏一下棉签头，然后用棉签把眼线晕染一下，使其与肌肤更好地融合。而眼尾处，也要注意要使眼线和睫毛根部缝隙更好地融合在一起。

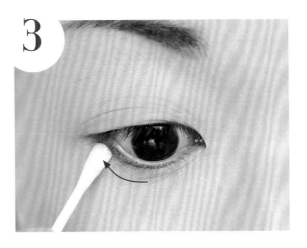

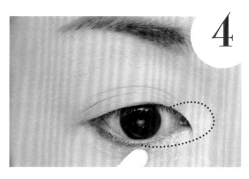

4

用淡米色的眼影涂眼角和下眼皮，来增加眼睛的亮度

用棉签蘸取香槟米色的眼影（下面的商品），呈"〈"形涂在眼角之后，一直涂到黑眼珠的中间的位置。

5

用夹睫毛和涂睫毛膏来凸显眼睛，从而增加眼睛的宽度

就像基本步骤那样，把上睫毛从根部开始夹弯，然后在上、下睫毛涂上睫毛膏。

完成！

上眼皮不使用眼影，依靠米色的眼影使单眼皮产生其特有的透明感。而且，只依靠眼线和睫毛膏就会让眼睛变得又大又水灵。

让眼睛变得更有光泽的产品

增加从眼角到下眼皮的亮度

这款产品是有珠光感的香槟米色，能够让眼睛产生一种透明的感觉。
眼影：Kosé

单眼皮

正式妆

在正式的场合，虽然很容易倾向于使用稍微浓一点的颜色，但是这样的话反而就凸显不出单眼皮的优势了。因此在这里推荐使用亮粉色和米色的眼影。如果在下眼皮也稍微涂一点，就会产生单眼皮特有的透明感。

脸颊 & 嘴唇

推荐能和眼睛上部很好融合的米粉色

腮红和唇膏选择兼具稳重感和可爱感的米粉色。虽然单眼皮的人也十分适合时尚的米色，但是神崎小姐的妆面的重点在于保留女性特有的柔和感。

左：这款产品是裸粉色，很时尚。
唇膏：UNE Sheer Lips GLOSS

右：这款产品是淡淡的米粉色，很适合工作的场合。
腮红：Ettusais

在下眼皮涂上珠光粉色的眼影，
与众不同中有一种女性美

把浅米色的眼影涂在眼皮中间，然后从中间往两端涂抹

　　用刷子蘸取香槟米色眼影（下面中间的商品），首先抹在黑眼珠所对应的眼皮上，然后把眼影往眼头和眼尾涂抹。

画下眼线时，眼尾处要稍微向下画一点

　　用眼线笔，把眼珠靠近眼头的位置到眼尾的睫毛根部缝隙填满。眼尾处的眼线，要画得比这实际睫毛根部稍微向下一点。

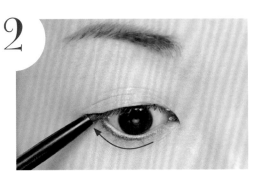

用棉签把眼线晕染一下，使睫毛看起来比较浓密

　　用棉签轻轻描一下眼线，眼尾部分要营造一种眼线和睫毛根部融合在一起的效果。黑眼珠中间下方位置到眼头也要描一下。

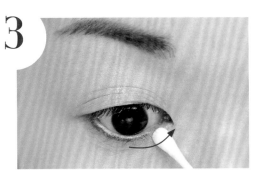

增加柔和度和紧凑感的产品

增添眼部柔和感

　　这款产品是里面带有银色珠光的粉色。对单眼皮来说，大片的珠光不会增加过多的修饰感。
眼影：Ettusais

消除上眼皮的黯淡

　　这款产品为有光泽的香槟米色，霜状质地能够很紧密吸附在眼皮上。
眼影：RMK Division

突出眼部立体感

　　这款产品为深棕色，粉末状质地触感湿润，很容易涂抹。
眼影：Bourjois

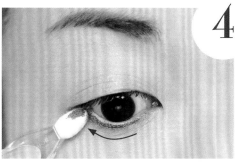

4 在眼线上抹点眼影，使眼睛看起来比较柔和

在刷子上蘸取棕色眼影（P86商品），在步骤2已经画好的眼线上晕染一下。这样能让眼线看起来粗一点。

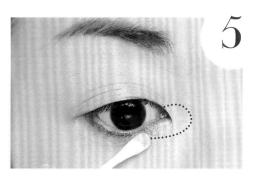

5 把珠光粉色的眼影涂在眼角下，让眼睛看起来更优雅

用棉签蘸取珠光粉色的眼影（P86左边的商品），呈"〈"形涂在眼角，与步骤4涂的棕色眼影接起来。

6 上下睫毛涂睫毛膏，增加眼睛的宽度

就像基本的步骤那样，从根部开始夹上睫毛，将其夹弯。然后在上下睫毛涂上睫毛膏，记得要稍微多涂一点。

完成！

在上眼皮涂米色眼影，下眼皮涂粉色眼影，这样既能突出单眼皮鲜明感，也会增加眼妆的优雅感，而且下眼线也显得很自然。

场景 宴会 3

Party make-up

单眼皮

晚 妆

对单眼皮来说，不仅暖色调眼影，冷色调眼影也能够运用自如。如果是那些盛大的场合，可以重点使用平常都不怎么用的蓝色的眼影，然后选择粉色的腮红和唇膏，这样就能营造出一种和谐的感觉。

脸颊 & 嘴唇

即使是乍一看很花哨的粉色也不会有不适合的感觉，反而会有一种平衡感

因为单眼皮的人拥有很清新的五官，所以即使用很可爱的颜色也不会有过分的感觉。利用这一优势，可以选择鲜艳的粉色。腮红要从脸颊中央一直涂到太阳突，记得涂的范围稍微广一点。

左：这款产品是能给人新鲜印象的粉色，颜色就像所看到的那样，能够增加楚楚可怜的感觉。
口红：Paul & Joe

右：这款产品是稍微深一点的粉色。质地轻薄，即使多涂几次也不会很夸张。
腮红：井田 Laboratories

即使是难以驾驭的冷色调眼影，涂在下眼皮也能够增强修饰感

橘米色的眼影，能够增强眼睛的深邃感和亮度

用手指蘸取橘米色的眼影（下面中间的商品），涂在从眼头到眼窝的下半部分。

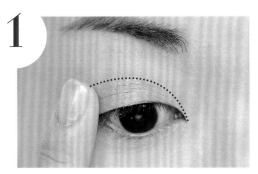

把蓝色的眼影涂在下眼皮上

在刷子上蘸取一点蓝色眼影（右下的商品），涂在下眼皮眼头到眼尾的位置。要涂得细一点，这样妆面效果会很自然。

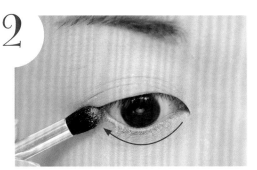

画下眼线时，眼尾的眼线稍微向下画一点

用眼线笔，把黑眼珠下面的位置到眼尾的睫毛根部缝隙填满。眼尾的眼线，要画得比实际睫毛根部向下一点。

使眼睛产生修饰感的产品

增加光泽和女性柔美

这款产品是粉色的，而且给人一种柔和感。丰富的珠光色，会给眼睛增添亮度。
眼影：Ettusais

让上眼皮产生深邃感

这款产品是淡橘色的。颜色不是很深，涂在上眼皮上不会给人一种肿肿的感觉。
眼影：Bourjois

使用重点是简练

这款产品是蓝色的，泛着同色系的珠光，颜色十分鲜艳。
眼影：RMK Division

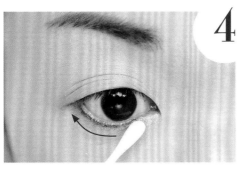

4

用棉签擦一下眼线，让眼线融入到睫毛根部

用棉签在眼线上轻轻擦拭，这样眼线看起来很自然、很浓密。

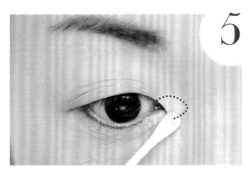

5

在眼头涂上珠光粉色的眼影，突出透明感和亮度

用棉签蘸取珠光粉色的眼影（P90 商品），呈"〈"形涂在眼角，然后用指腹轻轻擦一下。

6

用睫毛膏来突出睫毛，使得眼睛看起来又大又水灵

就像基本步骤那样，用睫毛夹把上睫毛从根部开始夹弯，然后在上下睫毛涂上睫毛膏。

完成！

即使使用了蓝色、粉色、米色，三种颜色的眼影，也不会觉得很花哨。因为单眼皮的轮廓比较鲜明，所以这款妆面很像专业人士的杰作，非常惊艳。

时间+技术

用亮色调来增强立体感和豪华感

对于没有立体感的单眼皮，神崎小姐推荐使用高光产品。涂完之后，涂抹处看起来会有一种丰盈的效果。因此涂在眼睛周围的话，会使得眼睛具有立体感，而且还有水润润的光泽感。当有光照到的时候，也会提升其修饰感。

在手背上抹上高光产品，用指腹蘸取少量，不要涂在脸骨高的地方，建议涂在靠近眼睛的三个位置，用指腹轻轻拍打使其融入肌肤。在眉骨下面的两处位置也涂上，然后轻轻拍打，使肌肤吸收。

让五官变得立体的产品

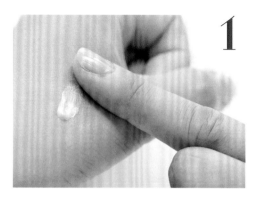

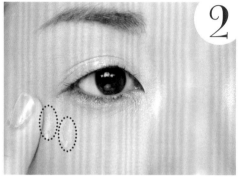

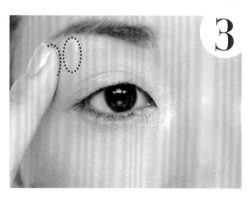

涂在眉下和脸颊，让其产生凹凸感

这款产品能够增加肌肤的光泽，效果自然。
眼线笔：Kanebo

专栏

眼睛的烦恼系列
一点建议②

除了眼睛形状之外，眼睛还有很多其他的烦恼。这些烦恼其实稍微下点工夫就可以解决。在这里介绍几个小秘诀，包括基本的步骤和不同场景的技巧。

黑眼珠比较小

在黑眼珠所对应的上下眼皮位置画眼线，可以使黑眼珠看起来变大

在眼睛直视前方时黑眼珠所对应的上下睫毛根部画眼线。记住，并不是只画黑眼珠所对应的范围，而是要稍微画得长一点。因为黑眼珠是会动的，这样会更自然。

眼皮是三层的

用眼影来遮盖看起来比较黯淡的眼皮

双眼皮上还有一条线，因此变成了"三眼皮"。多出的那条线，会使眼皮看起来很暗淡。可以用淡米色的眼影涂在眼头到眼窝处，这样会使眼皮变亮。还可以在上睫毛涂点睫毛膏，这样眼皮就不那么显眼了。

眼睛间距比较大

在眼头处画眼线，使得眼睛间距看起来变小

在上眼皮眼头处画上很粗的眼线，借此来拉近眼睛的距离，这样可使眼睛间距变小。眼头之外的部位不画眼线，把眼头处的眼线用棉签晕染一下。

眼睛间距太小

用眼尾的眼线和眼头的眼影来冲淡间距太小的感觉

为了强调上眼皮眼角部位而在眼角画上眼线，而且要比自己实际的眼尾稍微长一点。然后在下睫毛眼头部位涂上明亮的米色眼影，这样眼睛间距会看起来比较大。

Part 3

如果你知道这些，
眼睛就能变得更大更水灵

眼妆技巧
问与答

在神崎小姐的博客上，经常会有一些读者留言。在这一章里，我们将从这些留言中，挑选一些有关眼妆的问题与大家分享。虽然都是一些化妆小窍门，但如果掌握了的话，化妆技能会提高很多的。本章总共有16个要点。

问. 眼窝的位置在哪里？

答. 摸摸眼睛到眉毛间，会感觉到有一块凹下去的地方，那就是眼窝的位置。

在浏览有关眼妆的描述时，经常会看到"眼窝"这个词。所谓的眼窝就是，位于眼球和眉弓骨之间的凹陷部分。当看着镜子也找不到眼窝的时候，闭上眼睛，轻轻摸摸上眼皮就可以很容易找到了。

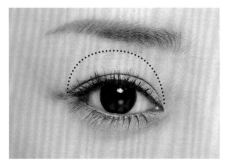

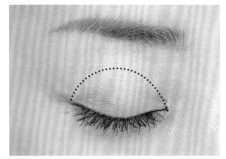

问. 眼皮凹陷，眼窝看起来很黯淡怎么办？

答. 用专用遮瑕膏就可以使眼窝看起来有光泽。

随着年龄的增长，上眼皮会变得凹陷、没有光泽。选一支比肤色稍微亮一点的遮瑕膏，只要在凹陷的眼皮上涂上薄薄的一层，就会起到遮盖的效果。因为眼皮经常活动，推荐不容易起皱的液体遮瑕膏。

这是一款值得信赖的产品。既能够遮盖肤色不均，也能够消除浮肿、黑眼圈等常见问题。
遮瑕膏：Clinique Laboratories

问. 可以在上眼皮抹粉底吗？

答. 为了防止眼影引起皱纹或者眼影效果不好，可以涂。

"眼皮也可以抹粉底吗？"这个迷惑是可以理解的。直接在皮肤上抹眼影的话，皮肤很容易产生细纹，或者妆效不好。为了使眼影的效果更好，我会涂上薄薄的一层粉底。

问. 黑眼圈和眼睑黯沉怎么办?

答. 选择液体遮瑕膏,让肌肤看起来更有光泽吧。

如果眼睛周围肌肤变得黯沉没有光泽,那么就会给人一种很累的感觉。推荐使用比肤色稍微亮一点的遮瑕膏。用手指蘸取少量,分别点在下眼睑的四个位置,用指腹轻轻推开,呈倒三角形轻轻涂抹即可。

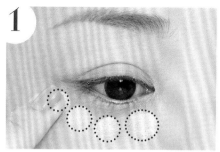

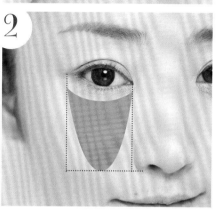

这款产品可以让眼周皮肤更有光泽,颜色是米色,掺杂了橘色。因为附着力很强,所以很难抹开。
遮瑕膏:Kanebo

问. 多色眼影的使用方法是怎样的?

答. 在眼睛的边缘涂颜色深的,之后涂浅色的。

同色系的四个颜色,基本上是,从眼睛的边缘开始,眼窝涂明亮颜色A,A之后是B色,B色涂的范围是A色的一半,之后是眼影盒下层的深色C,眼皮的边缘是颜色最深的D。

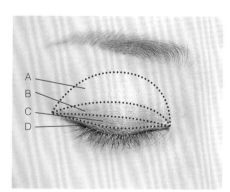

此款眼影是日常化妆必备的棕色系,可以让眼睛变得更深邃。
多色眼影:资生堂

问. 怎样才能把颜色鲜艳的眼影运用得恰到好处?

答. 以眼尾为重点来使用，这样看起来很像化妆高手。

蓝色、绿色和紫色等颜色的眼影，因为颜色很鲜明，所以如果涂在整个眼皮上的话，会使眼影而不是眼睛突出。相反，如果只运用眼影的颜色优势，在上眼皮或者下眼皮眼尾处稍微涂一点的话，会起到很好的作用。

用手指蘸取少量眼影，涂在黑眼珠靠近眼尾的一端到眼尾的位置，记住范围不要超过双眼皮。

闭上眼睛会很清楚地看到眼影，但是当睁开眼睛的时候，看起来就像是睫毛的阴影，只能看到一点点眼影。但是因为颜色很亮，所以很有存在感。

问. 到了下午，眼影都掉光了，怎么办?

答. 在眼睛边上涂上粉底，这样眼影就会持久了。

直接涂眼影的话，眼影很容易被蹭掉。建议在上眼皮涂上粉底或者眼影专用粉底。如果涂得太多会起细纹，所以在三个位置上稍微涂一点，轻轻拍打即可。

这款产品既能够遮盖眼皮的黯沉，也能起到提升眼影的亮度的作用。质地细腻，使用起来非常顺滑。
眼影：Kanebo

问. 眼影堆在双眼皮的缝隙里怎么办?

答. 用指腹轻轻地擦一下缝隙。

这种情况我也遇到过，眼影会堆成一条线。尝试了很多种方法，但是似乎没有什么特别好的方法来防止这种情况的发生。如果发现堆成一条线的话，就用指腹左右擦一下吧。

问. 上眼皮太松，画不了眼线怎么办？

答. 轻轻地拉着上眼皮，这样画眼线就变得容易得多。

随着年龄的增加，上眼皮会变得松弛，还会有皱纹。因此，画眼线就变得很困难。在这种情况下，首先，把手拿的镜子换成座式的镜子，然后用不拿眼线笔的那只手轻轻拉着眼皮来画眼线，这样会容易很多。

问. 好不容易画的眼线，为什么要晕染一下呢？明明不晕染的话，眼线会看起来更分明。

答. 眼妆是为了让自己的眼睛变得更漂亮，而不是为了看眼线。

眼妆的主角是眼睛本身。把眼线和眼影晕染一下也是为了使之与肌肤融合得更好，让人看到眼睛原本的样子。比起别人夸你善于化妆，说你是漂亮的人岂不是更高兴？

问. 眼线笔也有很多种，到底使用哪一种呢？

答. 要根据不同的特征使用不同的眼线笔。

虽然说是眼线笔，但是也有笔状的、液体的、霜状的、啫喱等种类。我认为如果想要给人一种柔和的印象就用笔状的；想突出眼睛的话，就用液体的；想增强深邃感的话，就用霜状或者啫喱的。

笔状	画的时候很柔和，而且很容易晕染。给人一种优雅的感觉。
液体	画出的眼线很鲜明，也很细。适用于强调眼睛的时候。
霜状	介于笔状和液体之间。和肌肤的融合性能很好，看起来很自然。

问. 睫毛膏涂得太多怎么办？

答. 在睫毛膏干之前，用螺旋刷擦掉吧。

想要好好地涂睫毛膏，却偏偏把睫毛膏涂多了……这时候，就该螺旋刷出场了，或者用眼线笔自带的刷子也可以。把刷子抵在睫毛的根部，把多余的睫毛膏梳下来。睫毛的上面、下面都要梳一下，建议尽量在睫毛膏没有干之前梳。

这款刷子硬度适中，即使睫毛很细也能轻松梳理。全长不到12厘米，很适合眼部化妆使用。
睫毛梳：RMK

问. 睫毛的卷曲效果不能持续到晚上怎么办？怎么样才能长久保持呢？

答. 用烫睫毛的睫毛夹再夹一次，这样就可以持续到晚上了。

想再夹一次睫毛的时候，却发现睫毛膏已经干了。如果用普通的睫毛夹再夹一次，会使睫毛显得不自然。推荐烫睫毛夹，其能够让弯曲变得自然。

这款产品靠发热器的热量来整理睫毛。对于用普通的睫毛夹很难夹漂亮的短睫毛，推荐使用这款产品。
睫毛夹：松下

1

把发热的睫毛夹放在睫毛的下侧，保持3秒，然后是睫毛的中部，也要保持3秒。

2

把睫毛夹放在睫毛尖部保持3秒，使睫毛弯起来。这样，夹出得睫毛就很自然了。

问. 睫毛膏蹭到上眼皮了！没有时间弄干净怎么办？

答. 不要慌张，用棉签擦掉就可以了。

如果用指甲弄掉的话，皮肤会变红，而且也会使得周围的眼影脱落。这种时候，最方便的就是用棉签在脏的地方轻轻地擦一下就行了。如果很难擦掉的话，蘸取少量的乳液，就很容易擦掉了，然后用手指拍一下，使乳液吸收。

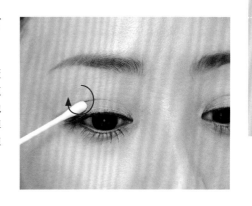

问. 睫毛膏和眼线晕掉了，变成熊猫眼怎么办？

答. 在化妆前，在眼睛下涂一些粉状的化妆品，把油分擦掉。

睫毛膏和眼线会晕掉的原因是因为眼睛下面残留了护肤品或者粉底（液体、霜状）的油分。在化眼妆之前，在眼睛下面涂一些散粉或者粉底，可以让眼线和睫毛膏的油分不晕出来。就像照片上那样，把粉扑或者海绵卷一下，就很容易上妆了。睫毛膏晕掉的另外一个原因是睫毛太向下。这种情况下，用睫毛夹好好地把睫毛夹一下就行了。

问. 睫毛又短又少，即使涂睫毛膏也没用吗？

答. 又短又少的睫毛，更要涂睫毛膏。涂睫毛膏之后的效果会让你震惊的。

睫毛膏的作用是增加睫毛的存在感。因为又少又短，才更要涂睫毛膏。有时候，睫毛太细，你会产生"这是睫毛还是汗毛啊"的疑问。涂上睫毛膏，增加睫毛的粗度，而且要一根一根好好地涂睫毛膏哦！

Part 4

虽然是小事，但是很困惑

恼人的化妆
问题全解答

在神崎小姐的博客里，经常会有人留言说"问题太基础，反而没办法去问别人"，"哪一本杂志也不曾提到过这个问题"……在这一章里我们特别收集了一些这样的留言，针对留言所提出的问题，神崎小姐会提出自己的解决方案，希望对大家有所帮助。

问. 防晒霜和粉底液先涂哪个比较好呢？

答. 先涂保护肌肤的防晒霜，然后再涂粉底液。

防晒霜有防止紫外线、保护肌肤的作用。粉底液是为了使上妆效果更好。因此，先涂防晒霜保护肌肤，涂粉底液。而且，有的粉底液也有防晒的效果，选择这种粉底液会方便很多。

问. 粉底不知道什么时候都掉光了，看起来就像没化妆一样，怎么办？

答. 底妆要好好化，用粉底前一定要打底！

因为出汗，出油的原因，粉底会掉一部分，但是如果全都掉光的话，也许是涂粉底之前的步骤出了问题。首先，基本护肤之后10分钟才能化妆，而且抹粉底液之前一定要打底。这样的话，就能一直保持妆面效果，一直很漂亮。

问. 十分在意鼻翼两侧红红的地方。即使用粉底也盖不住，怎么办才好呢？

答. 用比肤色稍微亮一点的遮瑕膏来遮盖。

推荐笔形的遮瑕膏。因为即使是很小的范围，笔尖也很容易操作。推荐用比肌肤颜色稍微亮一点的遮瑕膏，在红色的地方稍微涂一点，然后用指尖压几下，再用海绵涂抹。这样，鼻翼也会看起来变小。

这款产品有着很强的遮盖效果，可以使黯沉和黯淡的地方看起来不明显。即使是鼻翼和眼睛这些多动的地方，也不会被蹭掉。
遮瑕膏：IPSA

问. 不是很了解染眉膏的使用方法，有时候虽然涂了染眉膏，但是看起来没有什么效果。

答. 要把眉毛里面也涂了，这样才会好看。

要发挥染眉膏的效果，就要在眉毛里外涂上膏。而且，记得要把刷子在瓶口蹭一下，把多余的眉毛膏去掉，以防涂太多。

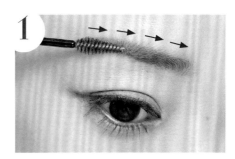

把眉毛刷放平，从眉尾向眉头方向刷，使得眉毛里侧也能着色，眉毛膏渗透到眉毛里。

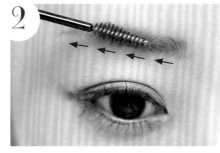

把眉毛刷放平，从眉头向眉尾方向刷。这样眉毛外侧也能着色。

这款产品适合染头发的人使用，颜色是不太明亮的自然浅棕色。即使出汗，也不容易脱妆。
眉毛膏：Kanbo

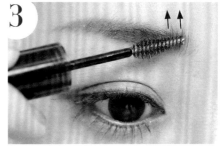

最后用刷子尖部整理眉毛，从下向上整理。

问. 关于眉毛的化妆品怎么选呢？是和眉毛配合还是和头发的颜色配合？

答. 不论是眉笔还是眉粉都要选择比头发亮一点的颜色，这样就会使得脸庞看起来比较明亮。

我会使用比头发颜色亮一点的颜色，这样脸部整体会变得明亮，给人一种干练的感觉。没有染过的黑色头发，如果选择黑色或者灰色的话，会给人一种严肃的感觉，因此推荐选用深棕色。

问. 明明很用心地化妆了，可是周围的人却问我："今天素颜呀？"

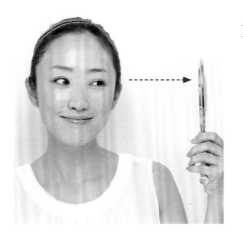

答. 化完妆之后，要从各个角度检查一下。

　　自己只会从正面看，但周围的人却会从各个角度去看，所以化完妆一定要从睫毛膏有没有涂到眼角、眉尾有没有画全等小细节来判断自己的化妆效果。每天早上化完妆请拿着镜子多角度检查下自己的化妆效果，这时就会发现遗漏的地方了。

· ·

问. 和孩子朋友的家人一起去温泉旅行。泡完温泉之后，不想看起来好像素颜一样，怎么办？

答. 可以用眉笔、睫毛夹、霜状腮红画个淡妆。

　　素颜的话心里确实会有一些不安，或者可以说化妆也分场合。我会用眉粉来整理一下眉毛，用睫毛夹把睫毛夹弯，然后用霜状腮红来提升一下血色，在下巴也涂一点，这样就会变得很精神。

左：这款产品是浓淡两色的，适合自然的眉色。右边的化妆粉也很便利。
化妆粉套装：资生堂

右：这款产品的颜色是泛着光泽的橘色，能够让皮肤显得粉嫩，更有立体感。
腮红：井田 Laboratories

问. 像去超市或者遛狗这样只出去一会儿的时候，要怎么化妆呢？

答. 涂完防晒霜之后，涂腮红、睫毛膏、口红。

如果素颜的话，碰到熟人会很尴尬，但是比起完整的化妆的话，素颜又会显得很亲切。在这种时候，我只会涂一点霜状的腮红、睫毛膏和口红，然后戴个帽子就可以出去了。

这款产品颜色是泛着红色的橘色，给人一种休闲的感觉。
腮红：Kanebo

左：这款产品的颜色是像芒果色的浅橘色。
口红：Clinique Laboratories

右：这款产品能够使得睫毛看起来更纤长。
睫毛膏：Clinique Laboratories

问. 到了晚上，腮红都掉光了，肌肤看起来比较黯淡，怎么办？

答. 腮红比较容易掉的话，就用霜状的腮红在下面打个底。

在用完比较亲肤的霜状腮红之后，用散粉来定一下妆。用粉扑稍微蘸一点散粉，然后在脸上轻轻压一下，这样腮红就不会掉了，然后在上面再涂上粉状腮红。这样，即使腮红掉了，肌肤也是很明亮的。

神崎惠的故事

美容专家并不是一天两天练成的。神崎惠小姐经常说："在我身边守护我、鼓励我的就是美容。"下面就是和美容一起成长的神崎小姐的故事。

穿着和服，戴着发饰，还化了妆。像女孩一样，心里"扑通扑通"的。

0岁 四角形的像饭盒一样的脸

由于头发比较少，依照民间说法是"如果剃了再长的话，就会变多"，所以这个时候的我经常是光头。

2岁 人生第一次穿和服，第一次化妆

母亲给我画了腮红和嘴唇。一瞬间我突然想到"原来我是女孩子"。记得那个时候很开心。

6岁 开始意识到发型的重要性

因为头发很长，大约到腰部，所以母亲会把头发分左右然后扎两个辫子，或者扎一个马尾，总之每天都会有不同的发型。

7岁 化妆解救危机

七五三节的前一天晚上，活蹦乱跳，不小心脸撞到了桌子角，右脸撞出来一块青。母亲用粉底给我把伤遮住了，当时特别地惊讶。

涂了粉底。是不是看不出脸上的青呢？

作为垒球部的第四棒游击手，很自豪地成为了主力选手。因为责任的驱使而比别人更努力。

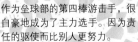

10岁 仅仅是一年，就晒得黑成这样

小学四年级的时候是田径部，五年级的时候是体操部，六年级的时候加入了羽毛球部，还学习了网球和骑马。夏天每天都要去市民游泳池。脸晒得很黑，像脱了层皮一样。

那时候经常和男孩子玩。母亲实在是看不下去了，就会让我涂防晒霜。

13岁 很讨厌防晒霜的时代

中学的时候参加了垒球部。虽然每次母亲都会让我涂防晒霜，但是因为脸上涂了东西感觉怪怪的，所以就一直把母亲的话当作耳旁风。

这张照片是我刚刚开始工作时照的，因为有专业的发型师和化妆师给我化了妆，所以知道了化妆的乐趣。

从这时开始自己化妆，而且会尝试用很多不同品牌的化妆品，也会给朋友推荐。

16岁

因为工作的原因，不能晒伤

开始了演员的工作。如果晒黑的话，会给工作造成不好的影响。例如，在电视剧的演出中连续性不大好等等。所以觉得不能晒黑。而且，有时候也会在现场自己化妆，在"要变漂亮"的压力下，很努力地学化妆。偷学了很多专业发型师和化妆师的技术。

给母亲化妆

18岁

努力学化妆有了成果，可以给母亲化妆了。母亲高兴地说："不知道什么时候就被超越了呢"。

非常喜欢化妆

虽然说自己化妆会很高兴，但是妆却化的越来越浓。那时候认为很漂亮，但现在却觉得有点羞愧。

22岁

头发只扎一下，衣服是T恤和棉质衣服。无论是在时间上还是在精神上，给自己的几乎没有。

产后半年，渐渐有了睡眠的时间，护肤的效果也出来了。

产后很累，脸上有黯沉

23岁结婚，24岁长子出生。产后胖了13千克，人生第一次节食。脸上也出现了黯沉。结婚前不怎么在意的防晒和护肤，因为产后长期劳累和睡眠不足，问题都出来了。母亲说："这样不行呀，我给你看孩子。"因此，每天忙于往返美容院。

24岁

因为孩子可以自立了，所以有时间化妆了。但是这时候的妆面，睫毛和眼线都画得很粗。

注意到保养的重要性

一段时间明明有所好转，但是只要一劳累或者睡眠不足，就会反映在皮肤上。也就是这个时候开始在洗脸清洁上下工夫。

渐渐开始画"出差妆"

学习发表会或者婚宴等场合，画所谓"出差妆"的机会越来越多。被别人发现自己化妆的话，遇到任何人不会惭愧，但是要尽量少花费时间。因此，对化妆品的光泽，也渐渐以使用简单、效果很好为重点。同期的艺人说："要不要做一下模特看看？"因此去应聘了。

这时候是涂好几层粉底，睫毛膏也要用三种。睫毛根部看不出缝隙。

开始模特生涯

开始做兼职模特，不久之后第二个孩子出生了。我又胖了13千克，但是四个月之后恢复了原来的体重。因为腰和屁股上的赘肉，所以体形发生了变化，当时很震惊。

在孩子的运动会上，因为自己的妆容产生了一点不和谐的感觉，从这时候开始意识到化妆要符合妈妈的身份。

开始写美容文章

恢复做模特。有一位编辑知道我喜欢化妆之后，让我出一个美容特集。依靠自己以前的经验来写东西，很开心。

这张照片上的妆容，因为想要有光泽的肌肤，所以用了很多的珠光色。虽然，脸是很闪亮，但是肌肤看起来并不是那么有光泽。

闪亮的肌肤和正式妆，当和孩子站在一起的时候，会有一种不自然的感觉。因此开始研究减法妆容。

为周围的人化妆

为那些孩子已经上幼儿园或者小学的妈妈朋友们化妆。从这时开始为"Como"杂志的模特化妆。

因为有孩子们，所以即使遇到困难也会很努力，很感谢孩子们。

后记

　　首先非常感谢您能够买这本书。对从小就泡书店的我来说，看到自己的作品能摆在书架上，高兴的同时也觉得很不可思议。即将35岁了，虽然对我来说并不见得是很快乐的事，但是我清楚地知道，高兴与否都要面对，既然如此，为何不开心一些呢？希望这本书能够成为大家向美丽迈进的第一步。

神崎惠

TITLE:［神崎恵の３分からはじめる大人のアイメイク］
BY:［神崎　恵］
Copyright © Megumi Kanzaki 2010
Original Japanese language edition published by Shufunotomo Co., Ltd.
All rights reserved. No part of this book may be reproduced in any form without the written permission of the publisher.
Chinese translation rights arranged with Shufunotomo Co., Ltd.
Tokyo through Nippon Shuppan Hanbai Inc.

© 2012，简体中文版权归辽宁科学技术出版社所有。

本书由日本株式会社主妇之友社授权辽宁科学技术出版社在中国范围内独家出版简体中文版本。著作权合同登记号：06-2011第174号。

版权所有·翻印必究

图书在版编目（CIP）数据

神崎惠的3分钟贴心眼妆术 /（日）神崎惠著；邱晓蓉译. —沈阳：辽宁科学技术出版社，2013.2

ISBN 978-7-5381-7710-7

Ⅰ.①神…　Ⅱ.①神…②邱…　Ⅲ.①眼—化妆—基本知识　Ⅳ.①TS974.1

中国版本图书馆CIP数据核字（2012）第241033号

策划制作：北京书锦缘咨询有限公司（www.booklink.com.cn）
总 策 划：陈 庆
策　 划：清 雅
设计制作：王 青

出版发行：辽宁科学技术出版社
　　　　　（地址：沈阳市和平区十一纬路 29 号　邮编：110003）
印 刷 者：北京瑞禾彩色印刷有限公司
经 销 者：各地新华书店
幅面尺寸：170mm × 240mm
印　 张：7
字　 数：100千字
出版时间：2013年2月第1版
印刷时间：2013年2月第1次印刷
责任编辑：卢山秀　谨 严
责任校对：合 力

书　 号：ISBN 978-7-5381-7710-7
定　 价：29.80元

联系电话：024-23284376
邮购热线：024-23284502
E-mail: lnkjc@126.com
http://www.lnkj.com.cn
本书网址：www.lnkj.cn/uri.sh/7710